儿童Office+Photoshop第一课

PowerPoint篇

王晓芬 李矛 高博 编著　　　　　草涂社 绘

电子工业出版社·

Publishing House of Electronics Industry

北京·BEIJING

U0281314

内容提要

基于 Windows 操作系统的 Office 演示文稿软件 Power Point（简称 PPT）是常用的办公软件之一。本书联系少儿的日常学习生活设计了 5 个使用 PPT 完成的任务，分别是：介绍你的家庭，展示读书笔记，介绍建筑物，给期末总结班会制作 PPT，展示科学观察结果。本书使用了 PPT 中大部分基础功能，内容丰富，每个任务都有情景设置、详细的图文操作步骤、知识拓展和亲子练习，还设计了生活化的问题引发少儿的思考，旨在激发少儿的学习兴趣，助力少儿思想品德的发展。

本书适合想培养孩子学习办公软件的家长与孩子共读，也适合少儿计算机课程相关的教师、学生参考。

Office 办公软件是一款应用非常广泛的计算机软件，常用组件有 Word、Excel、PowerPoint（PPT）等。PPT 一般用于配合活动展示内容，例如上课时老师用 PPT 展示课堂知识，演讲时用 PPT 展示相关图文内容等。PPT 的界面简洁干净，有很多实用且强大的功能，操作人性化，所以使用的人群非常广，在大部分孩子未来的工作学习中都会接触到，甚至需要专业地去学习。

PPT 的使用虽然简单，但需要同步学习设计美学知识，所以本书有针对性地设计了 5 个有趣的任务，其中用到了大部分 PPT 的功能，适合孩子跟着书上的步骤边学习边操作，在制作作品的过程中培养设计感。在任务中学习，不但能让孩子有目标地多次使用某个功能，还能让孩子学会如何让功能之间相互配合起来，最后创作出一个完整的作品，获得成就感的同时也鼓励了孩子学习的信心。

在 PPT 中，每个功能都能实现多种效果，且有多种用法，所以在每个任务完成之后，本书还会介绍一些拓展的知识，启发孩子自主尝试，起到举一反三的效果。更进一步，本书在亲子练习模块中设计了练习题目，孩子可以在家长的陪同下模仿任务的实现过程，另外制作出一个作品，起到加深巩固的效果。

书中有两个好朋友将陪伴大家的整个学习过程，一个叫玥玥，是一个可爱的学生，另一个叫小咪老师，是一只精通 Office 办公软件的猫咪。每次玥玥遇到一些事情，需要使用 PPT 制作东西的时候，她就会去找小咪老师请教制作的方法，大家可以和玥玥一起跟着小咪老师学习。在制作的过程中，玥玥遇到不懂的问题也会问小咪老师，小咪老师会耐心地解答她的问题，有时他们也会讨论问题，例如如何向爸爸妈妈表达感谢、你最喜欢读的书是什么书等，非常欢迎读者小朋友和他们一起讨论。让我们一起快乐地开启 PPT 的学习之旅吧！

目录
Contents

任务·三·

介绍建筑物

·任务一·

介绍你的家庭

小咪老师，我们的班主任为了增加同学之间的了解，下周班会课要举办一次活动，可以邀请家长参加。

不错啊，是什么活动？

每人准备一个PPT，向大家介绍自己的家庭，展示时间不超过10分钟。小咪老师知道怎么做吗？

当然知道啦！我来教你！

介绍你的家庭

- 做好准备
- 创建并保存PPT文件
- 应用主题
- 制作幻灯片内容
- 演讲排练

做好准备

首先我们要了解要使用的工具——PPT。PPT 是英文 PowerPoint 的缩写，PowerPoint 是微软公司开发的演示文稿软件。PPT 的应用非常广泛，例如，老师在给同学们上课的时候，在屏幕上播放的就是 PPT。

介绍家庭分为两个部分：家庭的整体介绍和各个家庭成员的介绍。

● 家庭的整体介绍：介绍家里一共有多少成员，分享一个家里的小故事。同时，要准备一张全家福，这样大家就可以看到所有成员了。

● 各个家庭成员的介绍：介绍整个家庭，分别对每个家庭成员进行介绍。例如，介绍爸爸妈妈的工作是什么，他们喜欢什么，也可以分享你和他们之间的故事。为每个家庭成员配一张照片，让大家认识他们。

老师，怎么把照片存入计算机呢？

可以通过各种软件或U盘传输文件，比较简单，如果不知道如何操作，可以寻求父母的帮助。

创建并保存 PPT 文件

首先，在"开始"菜单里找到 PowerPoint，并单击启动。

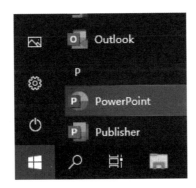

新建一个空白演示文稿。

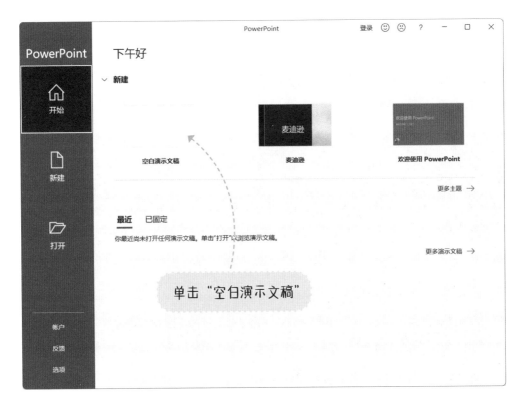

单击"空白演示文稿"

让我们一起来认识下 PPT 的界面。

每个区域的功能如下。

● 快速访问工具栏：包含常用命令按钮，例如保存按钮、撤销按钮等。

● 标题栏：显示文件名。

● 控制按钮栏：包含控制窗口按钮，例如最大化按钮、最小化按钮等。

● 功能区：包含各个选项卡，例如开始、插入等。选项卡下是软件提供的具体功能。

● 幻灯片窗口：显示幻灯片的缩略图，可以查看、切换幻灯片。

● 编辑区：编辑幻灯片内容的区域。

● 状态及视图工具栏：显示幻灯片状态，包括当前页数、语言等。视图工具按钮，包括普通视图按钮、幻灯片浏览按钮等。

新建 PPT 后，首先要保存文件。

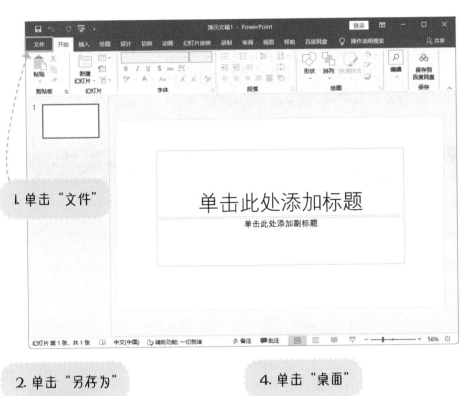

1. 单击"文件"

2. 单击"另存为"

4. 单击"桌面"

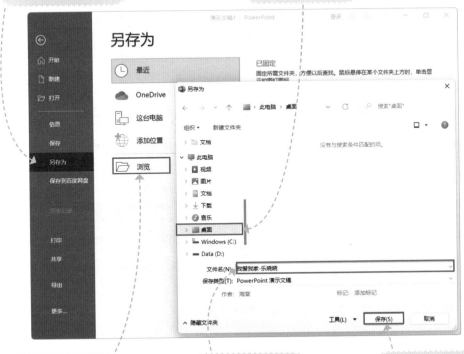

3. 单击"浏览"

5. 输入文件名

6. 单击"保存"

保存之后，就能在标题栏中看到文件的名字变了。

在 PPT 制作过程中，要频繁单击保存按钮或按 Ctrl+S 键进行保存

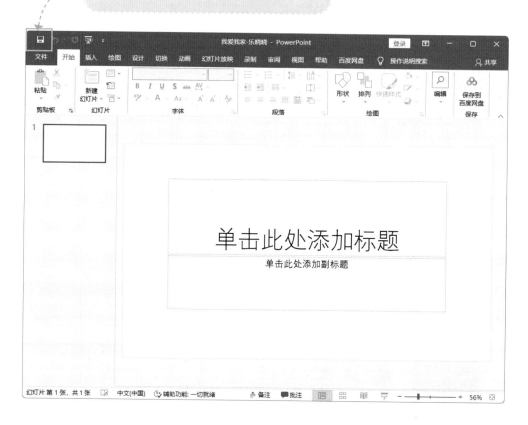

应用主题

主题是 PPT 软件自带的一套提前设计好的颜色、字体和视觉效果的组合。下面的第 3 步便是给空白的 PPT 应用一款主题。

每一套主题还有不同的变体可供选择。

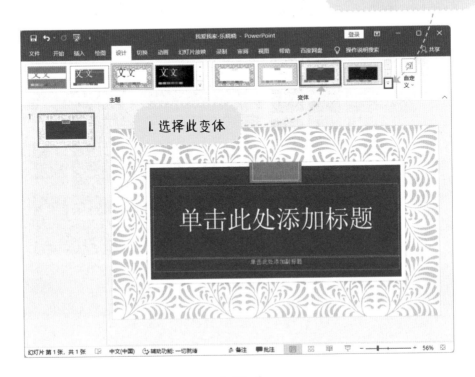

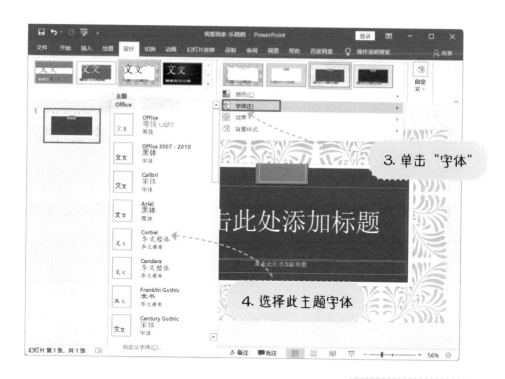

3. 单击"字体"

4. 选择此主题字体

5. 单击"背景样式"

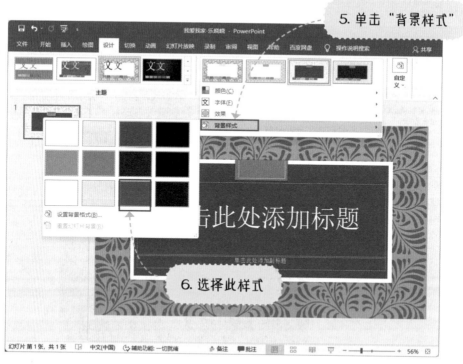

6. 选择此样式

制作幻灯片内容

在带有"单击此处添加标题"提示的文本框中输入文字。

新建幻灯片，选择适合放图片的幻灯片版式。

给幻灯片添加图片和文字。

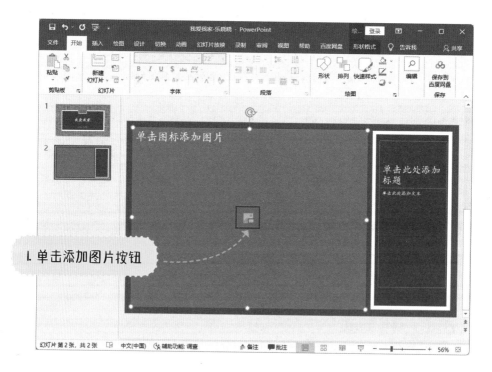

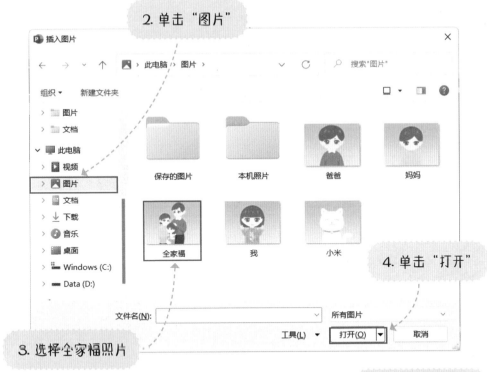

2. 单击"图片"

3. 选择全家福照片

4. 单击"打开"

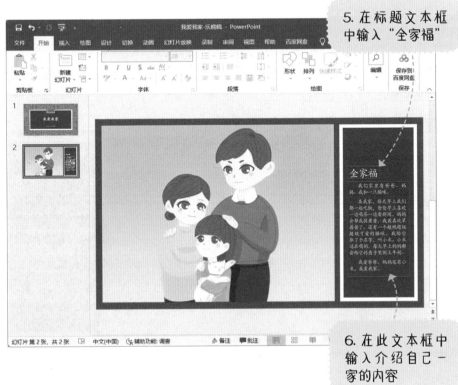

5. 在标题文本框中输入"全家福"

6. 在此文本框中输入介绍自己一家的内容

玥玥喜欢爸爸妈妈吗？

喜欢！爸爸和妈妈是世界上最好的人。

爸爸妈妈每天上班工作非常辛苦，要记得感谢爸爸妈妈，在家的时候做一些力所能及的事情。小朋友，你知道还能怎样表达我们对爸爸妈妈的感谢吗？

按照同样的方法制作介绍每个家庭成员的幻灯片。

最后，制作致谢幻灯片。

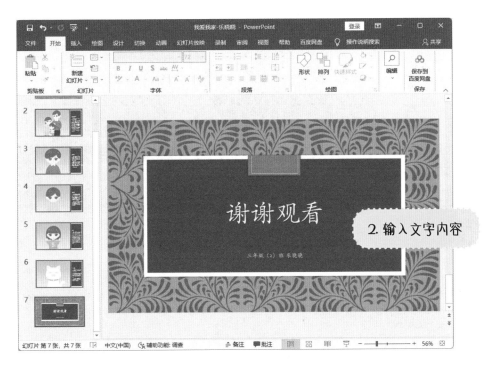

这样，展示家庭的幻灯片就做好了。

第5步

演讲排练

在正式向班里同学展示 PPT 之前，你可以先在家里进行演讲排练。首先，你要知道如何从第 1 页开始放映幻灯片。

这样屏幕就会全屏显示第 1 页幻灯片，幻灯片放映就开始了，单击鼠标左键就会放映下一页。

如果遇到一些特殊情况，你也可以从中间某一页幻灯片开始放映。

2. 单击"从当前幻灯片开始"

2. 或者，也可以单击视图工具栏中的幻灯片放映按钮

1. 单击第 5 页幻灯片

PPT 也可以对演讲的时间进行计时。

1. 单击"排练计时"

2. 幻灯片就会开始放映，并在左上角显示计时窗口

3. 当放映至最后一页幻灯片，再单击一次鼠标左键放映就结束了

在排练的过程中，我们可能发现自己的一些问题，可以将问题写到备注里。

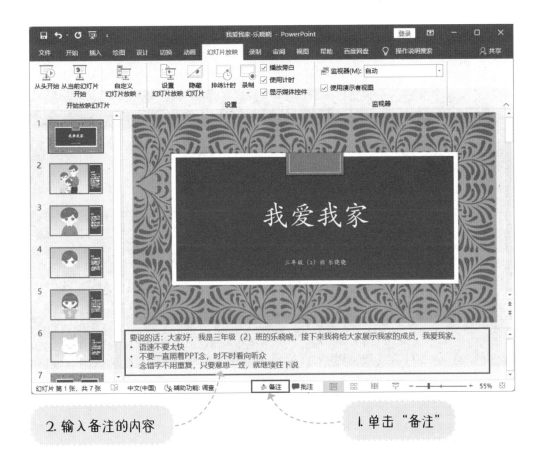

2. 输入备注的内容

1. 单击"备注"

放映后，只有演示者视图中才会显示备注。

1. 放映后，单击鼠标右键

2. 单击"显示演示者视图"

计时

当前放映的幻灯片

下一页幻灯片

演示工具，包括笔、放大镜等，可以在演讲过程中使用

备注

在正式演讲时，演示者视图中一般会有两个屏幕，一个是给演讲者看的，另一个是给观众看的。演示者视图只会显示在演讲者看的屏幕上，而观众只会看到当前放映的幻灯片。

准备好了以后，就可以给同学们介绍自己的家庭了！

/// 知识拓展 ///

小咪老师，这次任务我们用到的功能还有别的用法吗？

当然有啦，我们可以整理一个知识拓展笔记。

新建及保存 PPT 文件

除了通过打开 PowerPoint 软件新建空白演示文稿以外，还可以在桌面单击右键，通过右键快捷菜单新建空白演示文稿。在制作的过程中必须及时保存文件，才能保障我们的努力成果不会白费。

主题及变体

一个让人赏心悦目的演示文稿往往有统一的风格，包括主要使用的颜色、字体及背景样式等。PowerPoint 软件提供了许多主题及变体，可以直接使用，非常方便。同时，也可以去网上下载更多、更精美的主题。

幻灯片版式

幻灯片版式是 PowerPoint 软件提供的一些常规的排版样式，即对文字、图片等的模块化布局。不同的幻灯片版式有不同的使用场合，例如有以文字为主、图片为辅的版式，也有以图片为主、文字为辅的版式。

幻灯片放映

PPT 制作好以后，要通过幻灯片放映的方式呈现给观众，必须熟悉幻灯片如何放映，才能让演讲和 PPT 配合起来，实现更好的效果。演讲排练，也是准备工作中非常重要的一环。

 玥玥，你学会怎么做PPT介绍自己的家人了吗？

学会啦，谢谢小咪老师！

 除了向同学介绍自己的家庭，也可以向爸爸妈妈介绍自己的同学，来做一个PP来实现吧！

好的，小咪老师！

做一个 PPT，在 10 分钟内向爸爸妈妈介绍班上的 5 位老师或同学吧！

成果评判

使用了主题制作 PPT——要加油啦

使用了多种版式制作 PPT——还不错

介绍了 5 位老师或同学，时间控制在 10 分钟内——就差一点点

进行了排练，给爸爸妈妈介绍时讲得很流畅——非常棒

·任务二·

展示读书笔记

小咪老师，我刚读完一本书，叫作《李尔王》。

玥玥真棒！你可以做一个PPT展示你的读书笔记，把这本书分享给别人。

好呀。小咪老师，我应该怎么做？

我来教你！

做好准备

新建PPT并挑选主题

制作标题页

制作目录幻灯片

展示读书笔记

制作人物介绍幻灯片

制作故事内容幻灯片

制作读后感幻灯片

制作感谢幻灯片

做好准备

首先，我们要知道从哪几个方面展示读书笔记。读书笔记基本包括以下三方面。

● 人物简介：简单介绍书中比较重要的人物。

● 故事内容：围绕书中重要人物，概括这本书讲了一个怎样的故事。

● 读后感：读完这本书，总结你的感想、收获。

在开始制作 PPT 之前，我们要围绕上面三个方面准备资料，并收集相关图片。除了以上三个方面，你也可以发散视角，介绍其他有趣的内容，比如：作者信息、重要片段赏析等。

新建 PPT 并挑选主题

新建一个 PPT 文件，命名为"《李尔王》读书笔记"，并选择主题及主题颜色和字体。

1. 选择"肥皂"主题的第二种变体

2. 选择标题和正文均为华文楷体的主题字体，以及"紫罗兰色"主题颜色

第3步

制作标题页

在标题框中输入标题及副标题。

将标题设置为艺术字。

2. 单击"形状格式"

3. 单击"快速样式"

4. 选择此艺术字样式

1. 选中标题文字

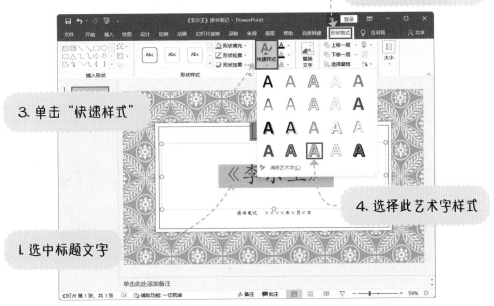

标题页就设计好了。

制作目录幻灯片

第**4**步

新建一个"仅标题"版式的幻灯片，输入标题，并设计字体样式。

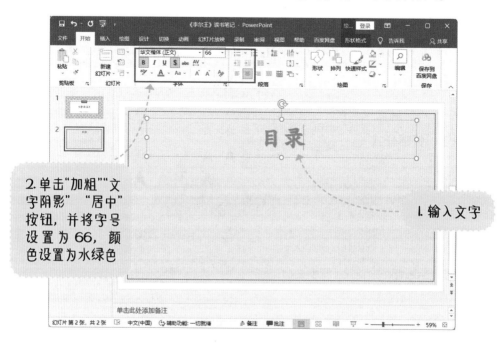

2. 单击"加粗""文字阴影""居中"按钮，并将字号设置为66，颜色设置为水绿色

1. 输入文字

在目录幻灯片中插入形状序号。

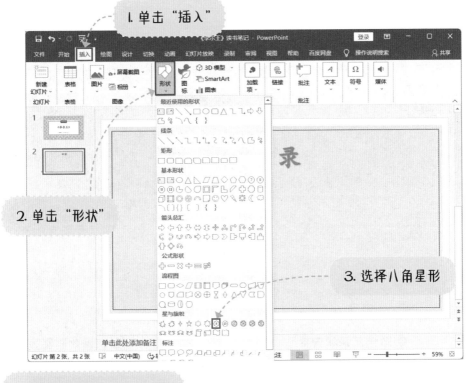

1. 单击"插入"

2. 单击"形状"

3. 选择八角星形

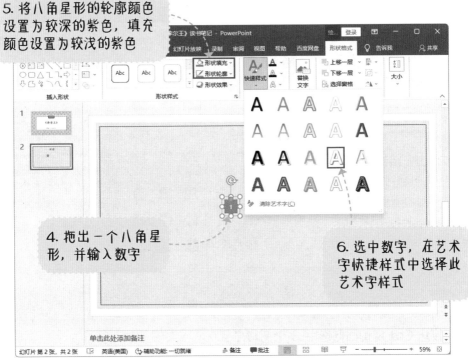

5. 将八角星形的轮廓颜色设置为较深的紫色，填充颜色设置为较浅的紫色

4. 拖出一个八角星形，并输入数字

6. 选中数字，在艺术字快捷样式中选择此艺术字样式

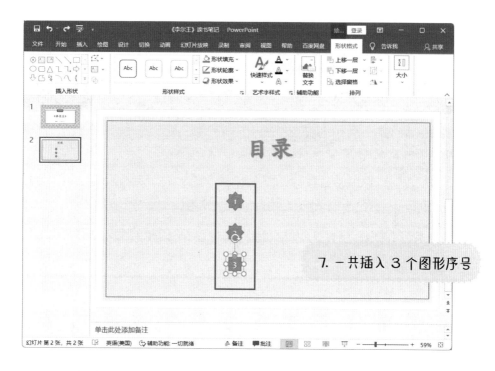

7. 一共插入 3 个图形序号

9. 单击"形状效果"

11. 选择此阴影效果

10. 单击"阴影"

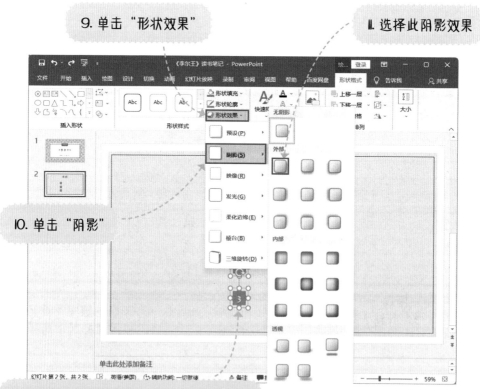

8. 按住 Ctrl 键的同时选中 3 个图形序号

在目录页中插入小节标题。

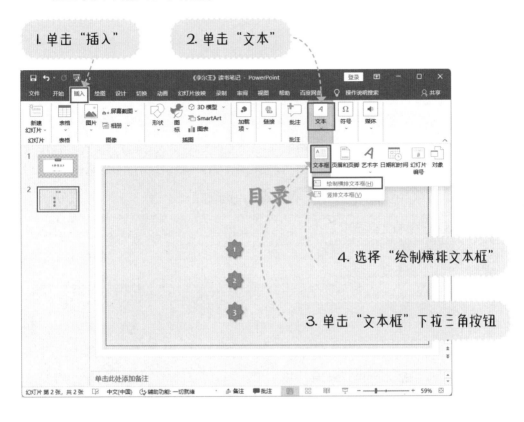

1. 单击"插入"

2. 单击"文本"

4. 选择"绘制横排文本框"

3. 单击"文本框"下拉三角按钮

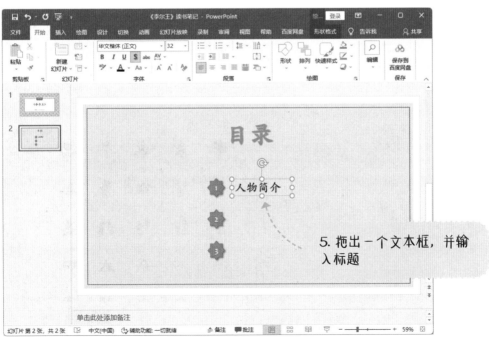

5. 拖出一个文本框，并输入标题

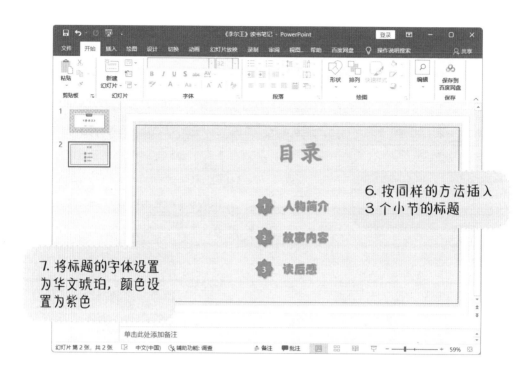

6. 按同样的方法插入3个小节的标题

7. 将标题的字体设置为华文琥珀，颜色设置为紫色

在幻灯片中插入一些图标美化目录页。

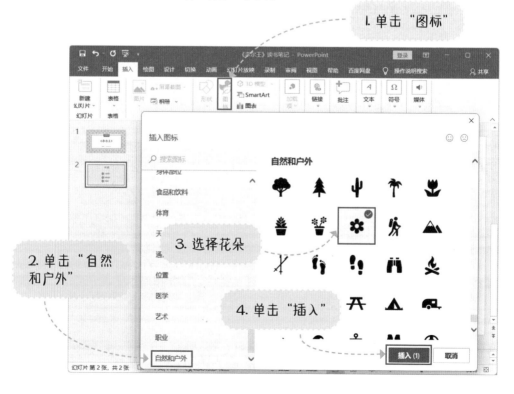

1. 单击"图标"

2. 单击"自然和户外"

3. 选择花朵

4. 单击"插入"

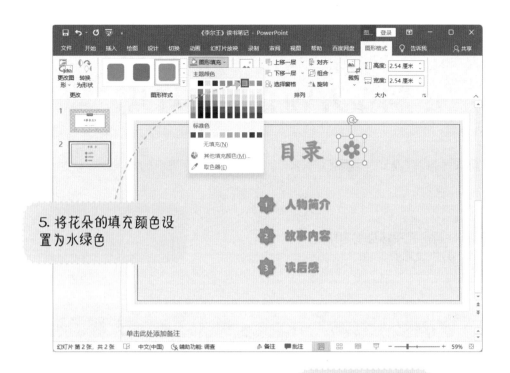

5. 将花朵的填充颜色设置为水绿色

6. 按同样的方法再插入一个花朵

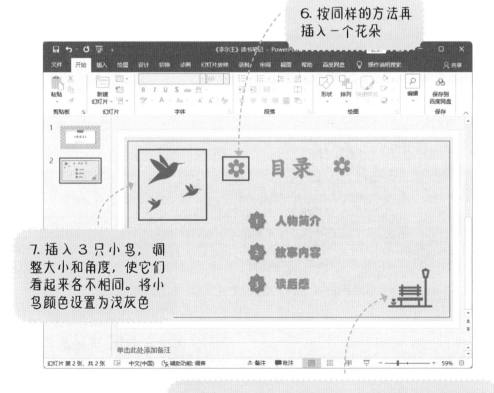

7. 插入 3 只小鸟，调整大小和角度，使它们看起来各不相同。将小鸟颜色设置为浅灰色

8. 插入一个长椅，调整大小，将其颜色设置为浅灰色

制作人物介绍幻灯片

新建一个"仅标题"版式的幻灯片，输入标题及演示的文字内容。

1. 输入标题，将字体设置为华文琥珀，颜色设置为紫色

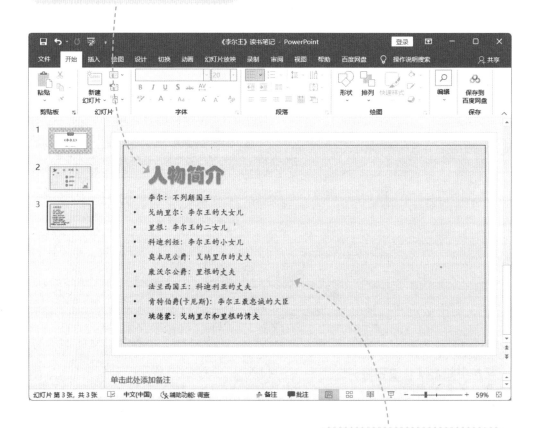

2. 插入文本框，输入重要人物的介绍

在幻灯片中插入图片并设置图片样式。

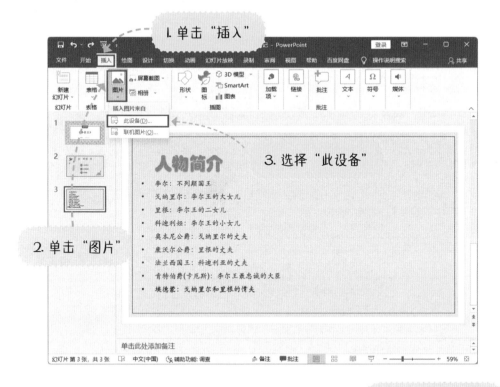

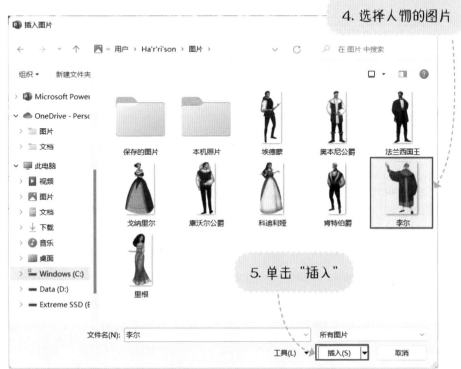

6. 调整图片的大小和位置

8. 选择此相框

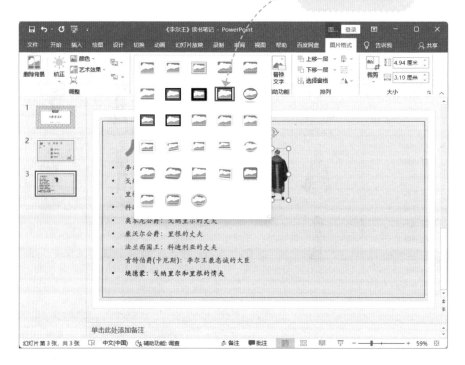

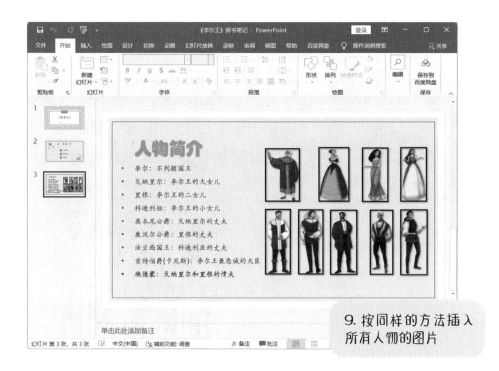

9. 按同样的方法插入所有人物的图片

在幻灯片中插入 3D 模型，并调整到合适的大小和位置。

1. 单击"插入"

2. 单击"3D 模型"

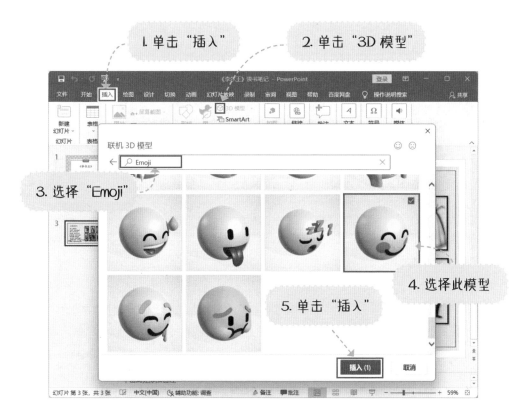

3. 选择"Emoji"

4. 选择此模型

5. 单击"插入"

6. 调整模型的大小、朝向和位置

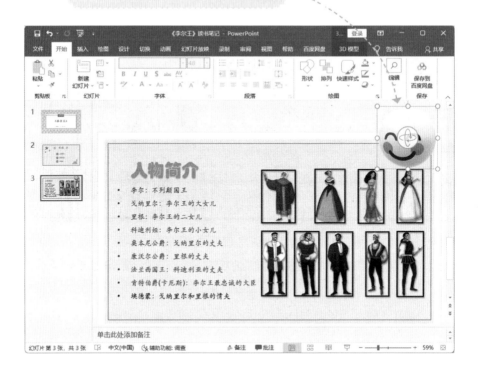

 小咪老师，笑脸有一部分在页面外面了，是不是应该调整一下？

不用调整的，放映时确实只会显示笑脸的一部分，这其实是一种设计方式，只让我们需要的部分出现在页面里。

制作故事内容幻灯片

新建"仅标题"版式的幻灯片，并插入文字和图片。

1.输入标题及演示的文字内容

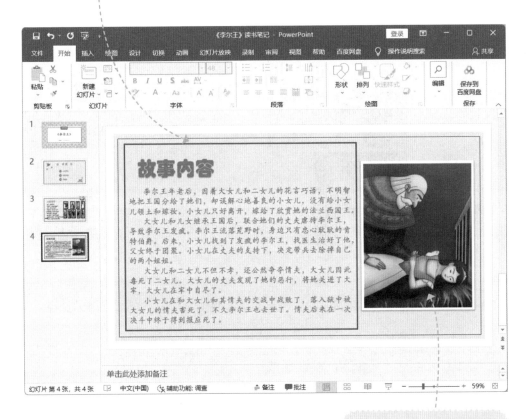

2.插入图片并加上相框

制作读后感幻灯片

新建"仅标题"版式的幻灯片,插入文字和图片,并插入图标进行美化。

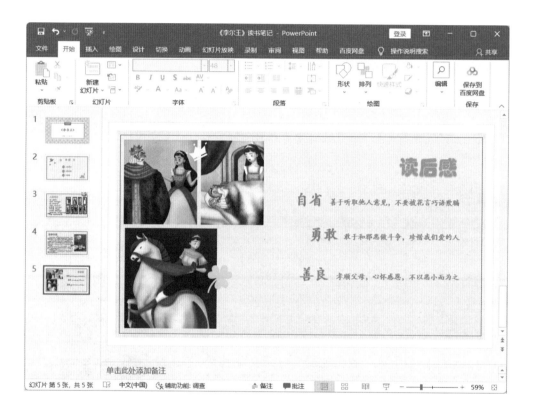

在幻灯片中插入艺术字,并设置其样式。

1. 单击"文本"

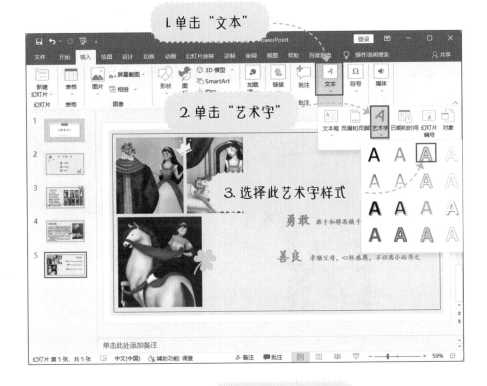

2. 单击"艺术字"

3. 选择此艺术字样式

5. 单击"文字效果"

6. 单击"发光"

7. 选择此发光变体

4. 输入文字

9. 选择此弯曲效果

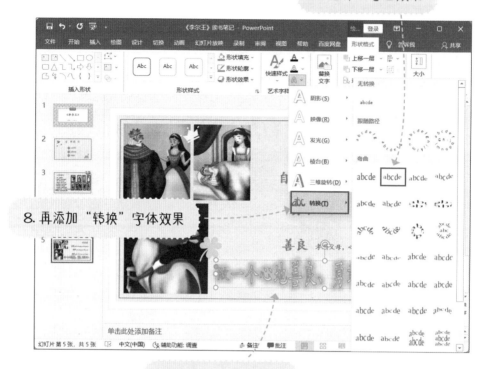

8. 再添加"转换"字体效果

10. 调整艺术字的宽度

玥玥知道世界读书日吗?

是让大家多读书的节日吗?

是的。每年的 4 月 23 日是世界图书与版权日,也叫"世界图书日"或"世界读书日",是为了推动更多的人去阅读和写作,希望所有人都能尊重和感谢为人类文明做出过巨大贡献的人们。小朋友,你最喜欢的书是哪一本?

在幻灯片中插入音乐。

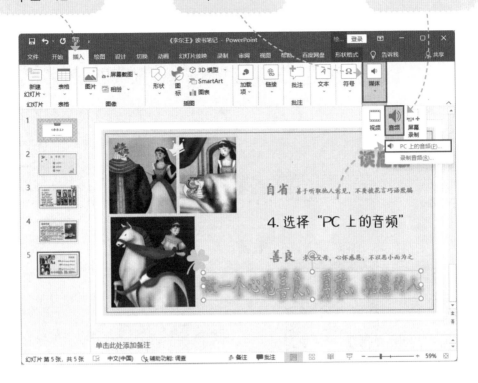

1. 单击"插入"

2. 单击"媒体"

3. 单击"音频"

4. 选择"PC 上的音频"

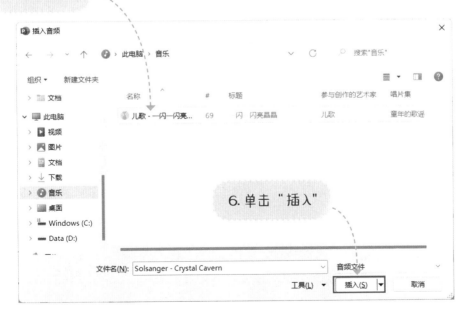

5. 选择音频

6. 单击"插入"

7. 将代表音频的小喇叭移动到合适的位置

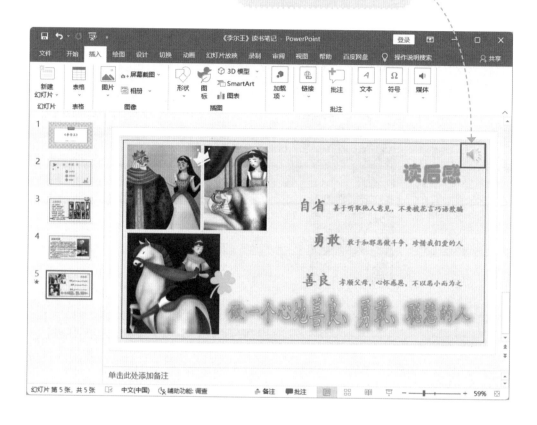

怎么播放音乐呢?

在放映时，单击小喇叭就会自动播放音乐，可以一边放音乐一边讲述自己的读后感。

制作感谢幻灯片

新建"标题幻灯片"版式的幻灯片，输入文字，并插入烟花的图标进行美化。

这样，展示读书笔记的 PPT 就制作完成了。

知识拓展

小咪老师，这次任务我们用到的功能还有别的用法吗？

当然有啦，我们可以整理一个知识拓展笔记。

艺术字及文本效果

艺术字的基础仍然是普通汉字，它们是经过精心设计和加工后的变形字体。不同的艺术字能够产生不同的效果，例如烘托、美化、区分、醒目等。艺术字多用于宣传、广告、商标等领域。在 PowerPoint 中，除了本任务使用到的艺术字样式，还有很多其他样式，艺术字的根本其实就是对文本效果的综合使用。

形状、图标和 3D 模型

PowerPoint 里有大量的形状、图标和 3D 模型。形状有线条、矩形、箭头、公式等各种简单的形状；图标有车辆、动物、风景等各种较为复杂的二维图形；3D 模型有表情、服装、宇宙等各种精致的三维模型。形状、图标和 3D 模型是将文字图示化的最有力的工具，它们可以相互组合，用法非常灵活多变，用得好能让演示效果倍增。

文本框

文本框可以添加到幻灯片的任意位置，有横排的也有竖排的。文本框可以使文字的排版更加灵活多变，它是 PowerPoint 中非常基础又常用的功能。

媒体

本任务提到可以在 PowerPoint 中插入图片和音乐。其实不光是图片和音乐，我们还可以插入外部视频、屏幕录制视频等媒体文件。媒体文件会让演示更加生动——不只有图文，还有音乐和视频，观看者的体验会更丰富。

 玥玥，你学会怎么做PPT展示读书笔记了吗？

学会啦，谢谢小咪老师！

 你最喜欢的书是什么？做个PPT介绍给爸爸妈妈吧。

好的，小咪老师！

你最喜欢的书是什么？让爸爸妈妈来做听众，赶紧做个 PPT 展示一下吧！

成果评判

PPT 中有图文——需要加油啦

PPT 中使用了艺术字——还不错

PPT 中使用了形状、图标和 3D 模型——就差一点点

PPT 中加入了音乐——非常棒

·任务三·

介绍建筑物

 小咪老师，今天我们春游，认识了好多建筑。

玥玥真棒。

 班主任让我们做一个PPT，向同学们介绍一个自己喜欢的建筑。小咪老师知道怎么做吗？

当然知道啦！我来教你！

做好准备

新建PPT并挑选主题

制作介绍长城历史的幻灯片

制作介绍长城四季的幻灯片

介绍建筑物 ⊢ 制作介绍长城建筑结构的幻灯片

制作分享长城景色的幻灯片

制作致谢幻灯片

添加幻灯片切换效果

添加动画效果

做好准备

首先，我们来思考从哪几个方面介绍建筑物。

● 建筑的历史：每个建筑都有它的历史，尤其是一些著名的建筑。这些建筑的建造过程中往往会有许多故事，而一些古老的建筑身上也会留下历史的痕迹，他们记录了人类文明的发展。

● 建筑的外貌：即使建筑的功能一样，外貌也可能有差别，一些独特的建筑还会有它们独有的特征。

● 建筑的功能及结构：建筑会因为功能的不同，而有不同的结构，例如房屋的功能是给人们提供住所，所以是有内部空间的结构。

在开始制作 PPT 前，选择一个你想介绍的建筑，针对上面 3 个方面查找相关文字信息和图片，可以多找一些该建筑好看的图片，分享给大家。

新建 PPT 并挑选主题

新建一个PPT文件，命名为"万里长城－青玉小学三年级（1）班－李伟"，并选择主题及主题字体。

1. 选择"环保"主题，第四种变体

2. 选择标题为隶书，正文为华文楷体的主题字体

制作标题页

在文本框中输入标题及副标题。

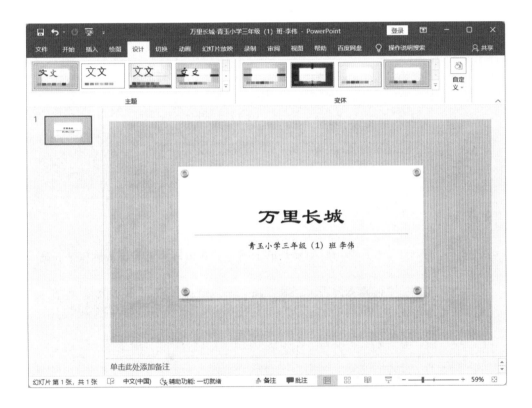

制作介绍长城历史的幻灯片

新建一个"标题和内容"版式的幻灯片，输入准备好的长城历史的介绍文字。

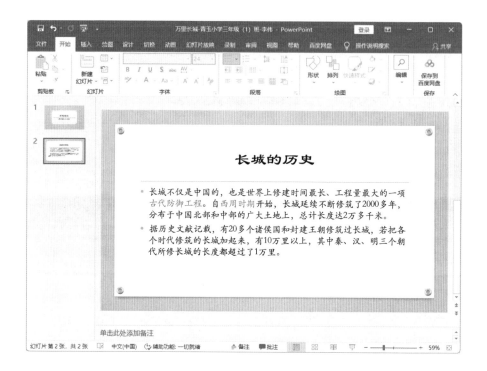

为了后续插入图片，调整文本框的大小。

I. 单击标题文本框后，将光标放到这个位置

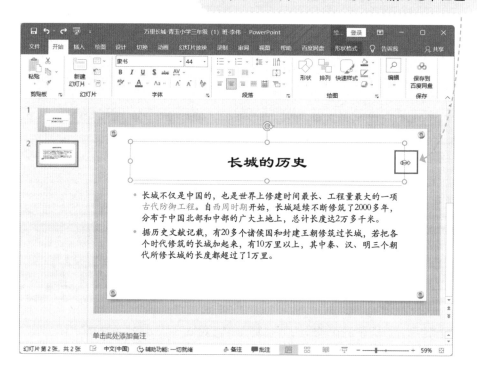

2. 按住鼠标左键不放, 何左拖曳至合适位置

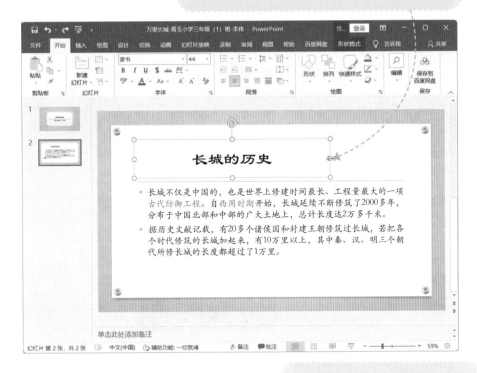

3. 用同样的方法调整内容义本框的大小

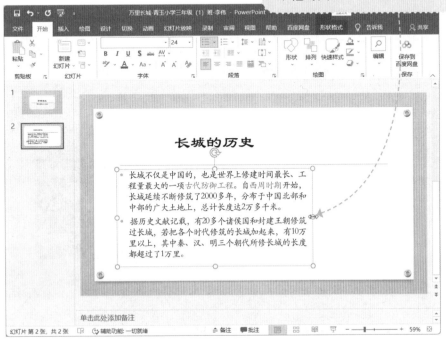

插入一张图片，放到空白处。

1.插入一张长城的图片

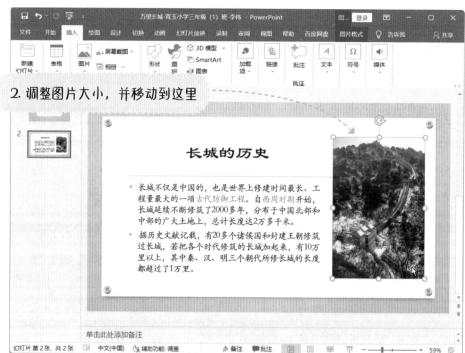

2.调整图片大小，并移动到这里

玥玥知道有关长城的故事吗？

我知道！孟姜女哭长城，这个故事告诉我们，虽然长城是伟大的，但是它的建成牺牲了许多人。

玥玥真棒！小朋友，你还知道哪些和长城有关的历史故事吗？

第5步

制作介绍长城四季幻灯片

新建一个"竖排标题与文本"版式的幻灯片，并输入标题。

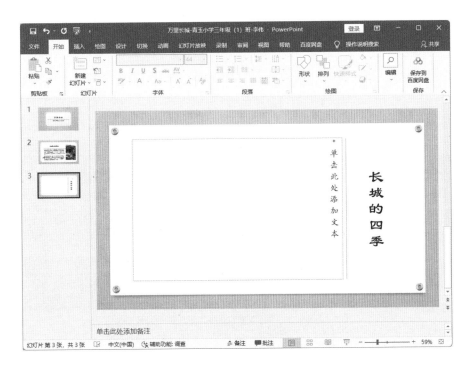

插入 4 张长城四季的图片。

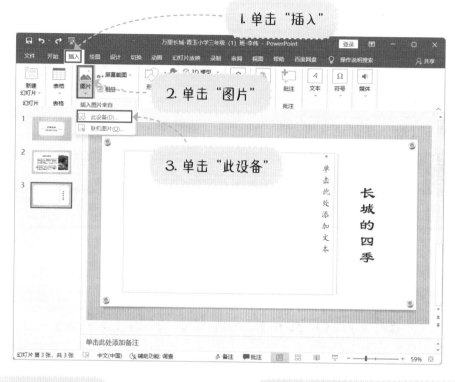

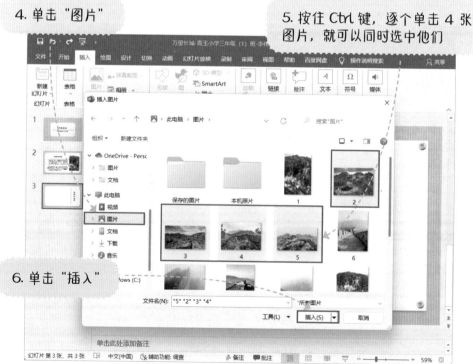

7. 将图片稍微缩小，并移动到左侧。此时可以先不管图片重叠在一起的情况

8. 单击此相框样式

小咪老师，图片重叠在一起了，不用分开吗？

后续我们会给图片加上动画，这样在放映幻灯片时，图片就会一张一张地显示出来，所以现在重叠在一起也没关系。

第 6 步

制作介绍长城建筑结构的幻灯片

在介绍长城建筑结构时，我们可以采用列举关键词的方式进行展示，既能让观众关注到重要信息，又不会让 PPT 上有过多文字，不易于理解。

新建一个"仅标题"版式的幻灯片，并输入标题。

列举关键词的方法会用到多个文本框和图形，为了更好地把握它们之间的对齐关系，打开网格线。

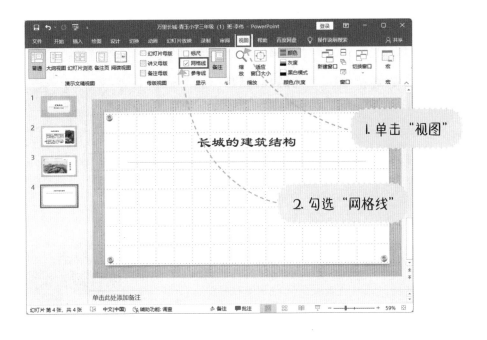

长城建筑结构的核心是建造一个防御工程体系，所以我们在幻灯片中央插入文本框，并输入关键词。

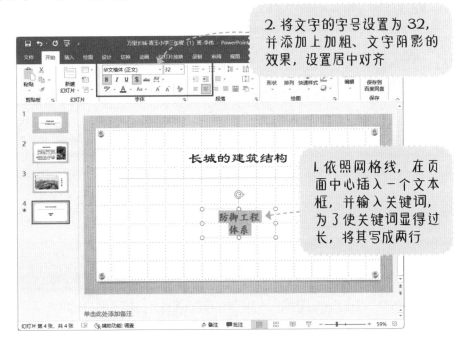

插入图标装饰，并将图标置于文字下方。

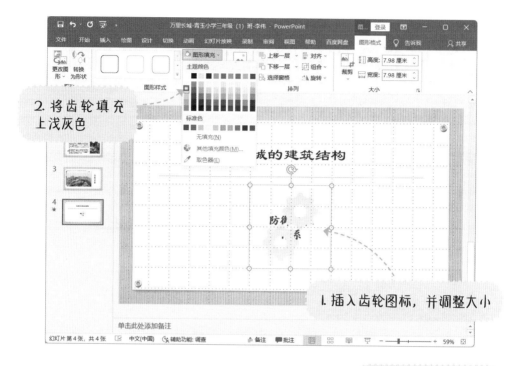

2. 将齿轮填充上浅灰色

1. 插入齿轮图标，并调整大小

4. 单击"置于底层"

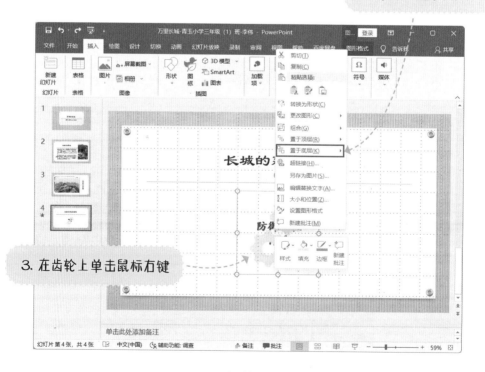

3. 在齿轮上单击鼠标右键

将介绍长城防御工程体系的关键词分成两列，排布在"预防工程体系"两侧。

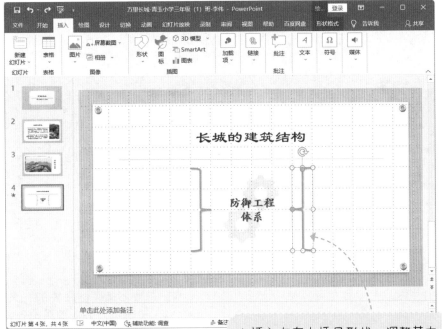

1. 插入左右大括号形状，调整其大小

3. 将文字的字号设置为 24

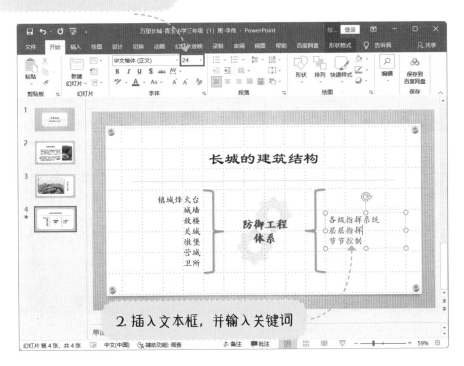

2. 插入文本框，并输入关键词

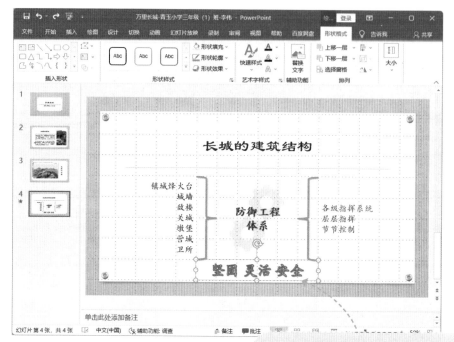

4. 在底部插入此样式的艺术字，输入关键词，并添加阴影效果

插入一些图标，对标题进行装饰。首先显示出参考线，方便图形对齐。

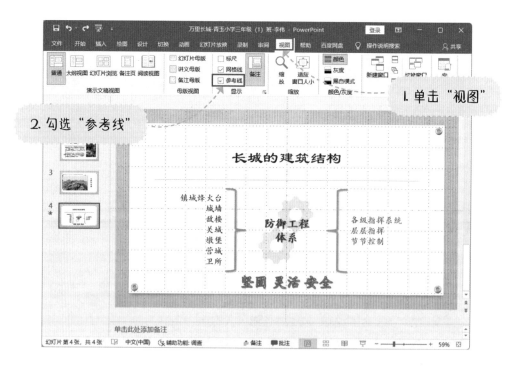

I. 单击"视图"

2. 勾选"参考线"

3. 将光标移到参考线上, 当光标变为此样式时, 按住鼠标左键不放, 将参考线拖曳至此处

4. 插入一些工具图标, 将其填充上浅灰色后, 让它们的中心和参考线对齐, 即图标的大小差不多为一个网格的大小, 且位于网格的中心

制作分享长城景色的幻灯片

新建一个"空白"版式的幻灯片,并插入标题。

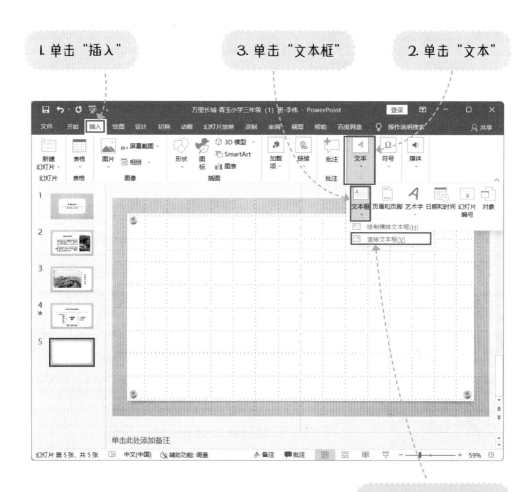

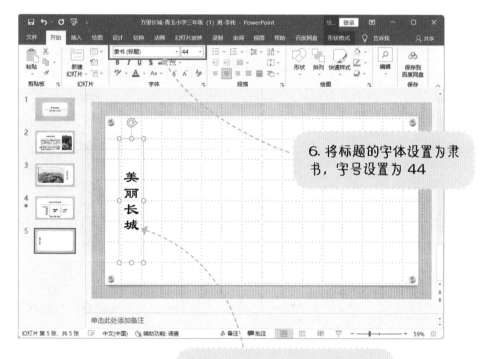

6. 将标题的字体设置为隶书，字号设置为 44

5. 插入一个文本框，并输入标题

插入准备好的长城图片，并设计一句话与观众互动。

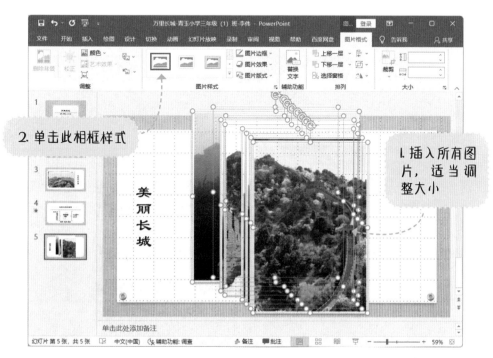

2. 单击此相框样式

1. 插入所有图片，适当调整大小

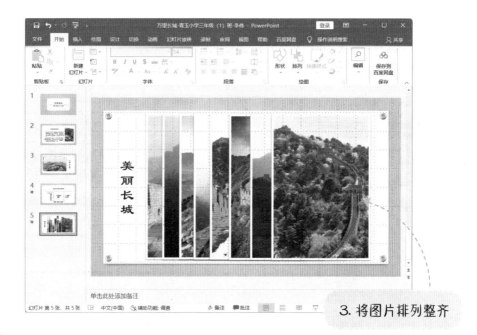

3.将图片排列整齐

小咪老师，排列图片的时候要注意什么？

要注意文字左侧的空白和图片最右侧的空白差不多一致，这样画面整体看上去比较规整。

4.插入一句互动性的话语，并给其添加艺术字样式

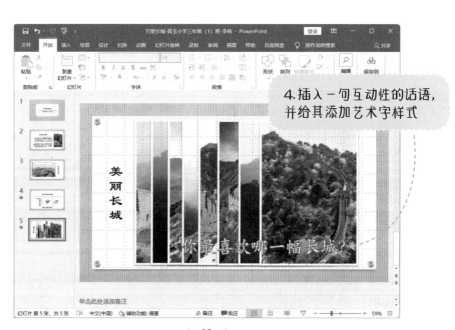

制作致谢幻灯片

新建一个"标题幻灯片"版式的幻灯片，并输入感谢语。

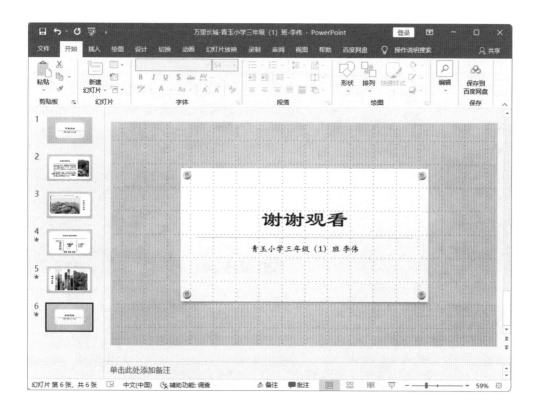

添加幻灯片切换效果

幻灯片放映时，我们可以为两张幻灯片的切换添加动画效果。

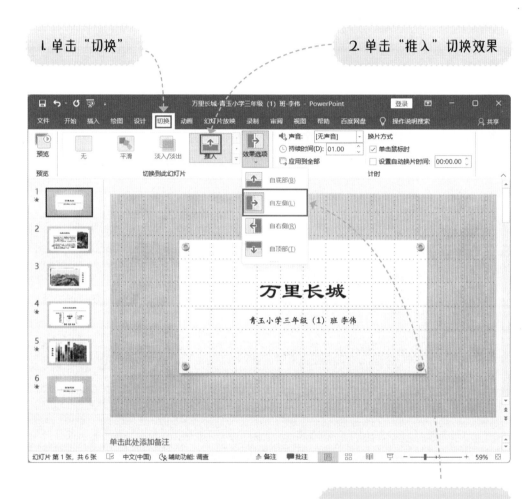

按同样的方式给所有幻灯片都添加上切换效果，可以选择不同的切换效果，让幻灯片放映时更有趣。

添加动画效果

幻灯片上的文字、图片也可以添加动画效果，放映时单击鼠标左键这些元素就会按顺序播放。下面给展示长城四季的图片添加动画。

2. 单击"动画"

3. 选择"翻转式由远及近"动画效果

1. 单击选中一幅图片

5. 单击此按钮不放，就能旋转图片

4. 给每张图片都添加上动画效果之后，再调整图片的大小和位置

按从下至上的顺序播放图片动画效果。

1. 单击"动画窗格"

2. 拖曳动画条目就能调整播放顺序

给介绍长城建筑结构的幻灯片添加动画效果。

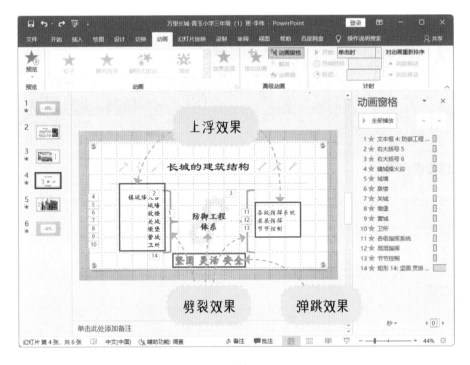

给分享长城景色的幻灯片添加动画效果。

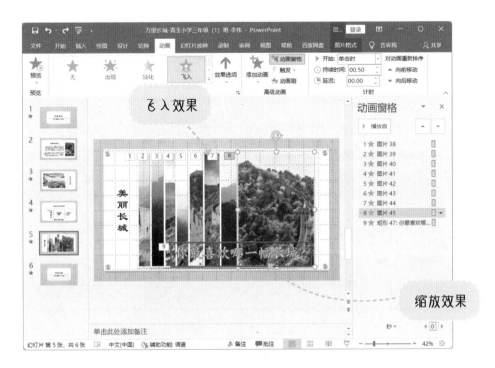

小咪老师，这次任务我们用到的功能还有别的用法吗？

当然有啦，我们可以整理一个知识拓展笔记。

网格线和参考线

在制作幻灯片时，经常需要调整图片和文字的位置，网格线和参考线能帮助我们找准它们之间的对齐关系。只有让文字和图片之间有整齐的对齐关系，做出来的 PPT 才会赏心悦目，给观众更好的体验。

切换效果

给某一页幻灯片添加切换效果，一般指的是从前一页切换到此页的动画效果，而不是从此页切换到下一页的动画效果。切换效果有三类：细微、华丽和动态内容。一些切换效果还可以选择不同的效果选项，例如形状效果就有圆形、菱形、加号等效果选项。另外，切换效果持续的时间、换片方式、背景声音等参数都可以设置。

动画效果

在 PowerPoint 中可以给幻灯片里的元素添加动画效果。根据功能的不同，动画效果可以分为进入、强调、退出和动作路径四类。部分动画效果也有效果选项，例如随机线条就有水平和垂直两个效果选项。动画效果可调节的参数很多，包括持续时间、延迟、触发等。演示者可以配合需要的讲解方式，灵活地设计动画效果，增加演示效果。

玥玥，你学会怎么用PPT介绍建筑物了吗？

学会啦，谢谢小咪老师！

除了长城，玥玥也做个PPT向爸爸妈妈介绍其他的建筑物吧。

好的，小咪老师

你感兴趣的建筑是什么？你想把哪个建筑介绍给大家？赶紧做个PPT，给爸爸妈妈展示一下吧。

成果评判

PPT 中有丰富的内容——需要加油啦

PPT 中多处使用了切换效果——还不错

PPT 中多处使用了动画效果——就差一点点

使用网格线和参考线让幻灯片整齐美观 ——非常棒

给期末总结班会制作 PPT

小咪老师，我们的期末考试结束啦，王老师（班主任）说下周一去学校参加完期末总结班会就放假啦！

好耶，放假了我们就能一起画画啦

王老师给了我们一些资料，让我们尝试做期末总结班会上用的PPT，做得好的，王老师会在班会上放映呢！小咪老师知道怎么做吗？

当然知道啦！我来教你！

	做好准备
	新建PPT并挑选主题
	设计幻灯片母版
	制作标题幻灯片
期末总结班会PPT	制作总结环节幻灯片
	制作讨论和发言环节幻灯片
	制作假期注意事项环节幻灯片
	制作结束幻灯片
	添加编号和页脚

做好准备

　　每个班主任的风格不同，在期末总结班会上要讲的具体内容也不同，所以我们要提前分析老师给的资料都包括哪些内容。

● 过去一学期的总结：对已经过去的一学期进行总结，例如，这一学期班级里一共获得了哪些荣誉、卫生情况如何、大家的期末考试成绩如何等。

● 讨论和发言：回顾了一学期班级的整体情况，接下来可以进行小组讨论，大家分别说一说自己在这一学期中的感想和感受。或者，设计一些话题，让大家自由举手发言。

● 假期事项：嘱咐大家在假期里的注意事项以及要完成的事情，例如安全事项、学习任务等。

只有这3个方面的内容吗？

大部分期末总结班会都会讲这些内容，但有的班主任老师还会设计一些其他环节，例如，做小游戏、才艺展示。

新建 PPT 并挑选主题

新建一个 PPT 文件，命名为"青玉小学三年级（1）班期末总结班会"，并选择主题字体。

1. 选择"徽章"主题，第二种变体

2. 选择标题为宋体、正文为华文中宋的主题字体

设计幻灯片母版

小咪老师，只能用"新建幻灯片"里面的这些幻灯片版式吗？

也可以自己设计版式。比如，可以给讨论和发言环节设计不同的版式，这里就要用到幻灯片母版。

打开幻灯片母版。

2. 单击"幻灯片母版"

1. 单击"视图"

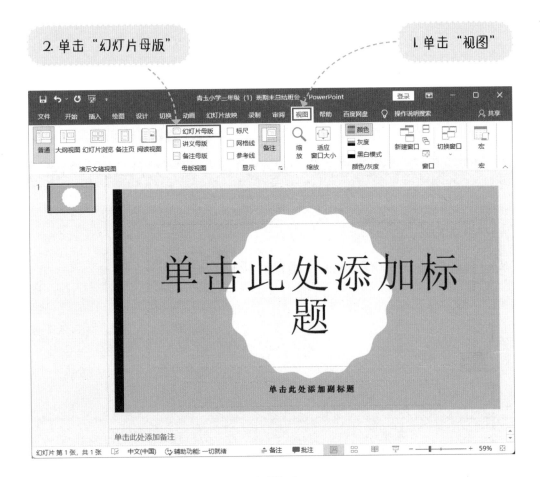

进入母版视图后，插入一个版式。

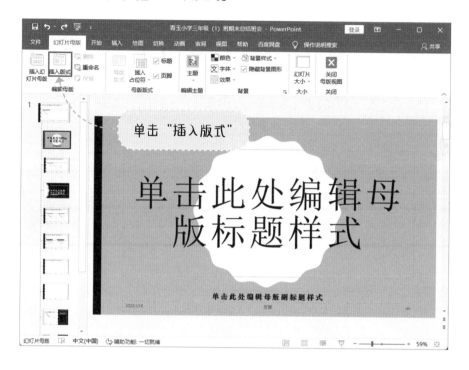

为了在空白的版式上进行设计，隐藏版式上的背景图形。

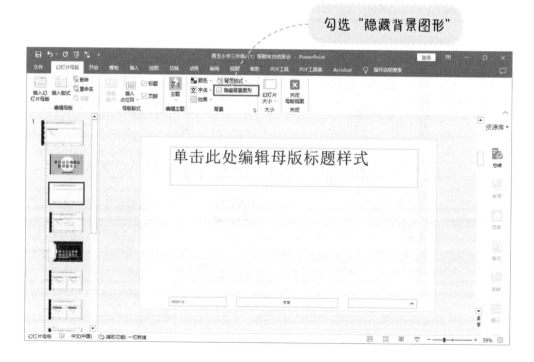

首先，将背景填充为水绿色。

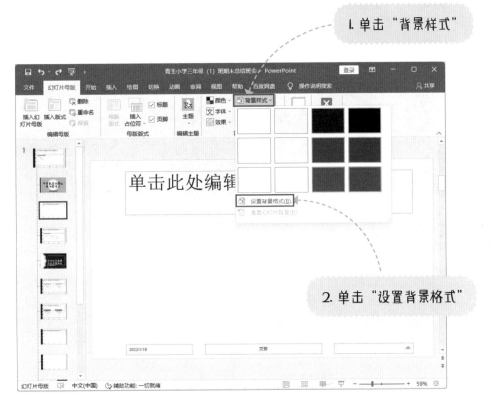

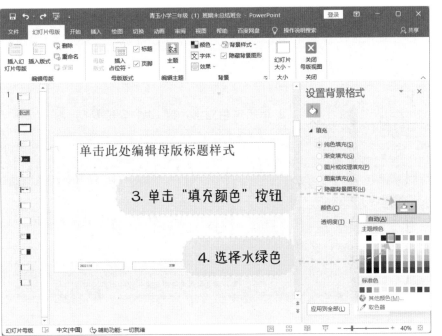

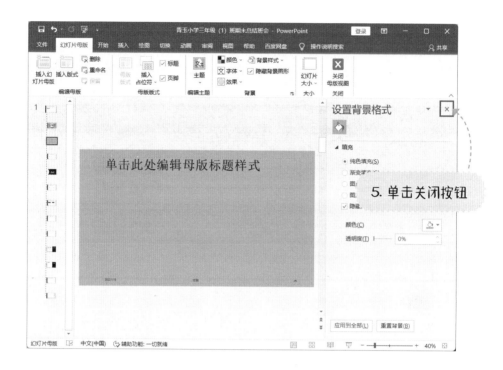

从上一页版式中复制图形过来，使新版式和其他版式看上去是一个风格。

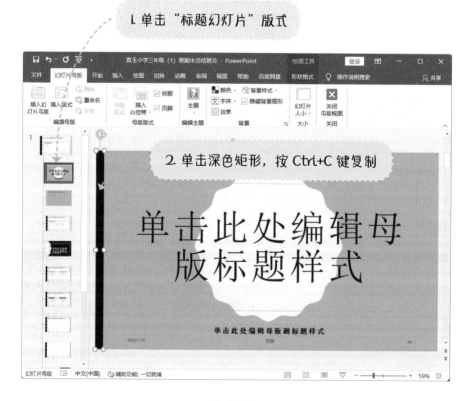

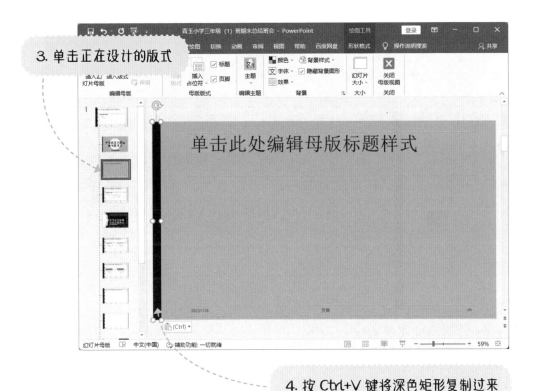

3. 单击正在设计的版式

4. 按 Ctrl+V 键将深色矩形复制过来

插入并调整形状和文本框。

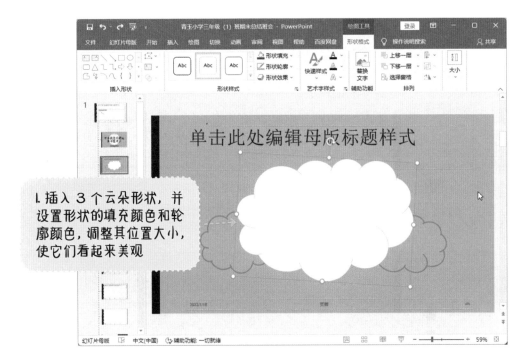

1. 插入 3 个云朵形状，并设置形状的填充颜色和轮廓颜色，调整其位置大小，使它们看起来美观

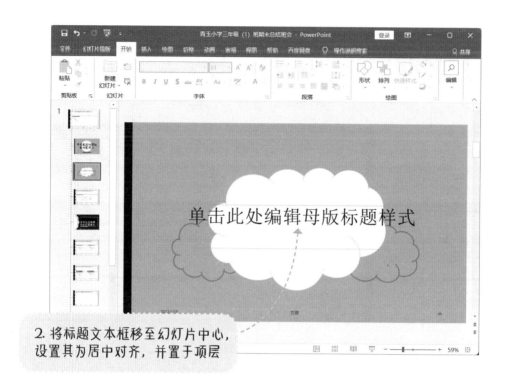

2. 将标题文本框移至幻灯片中心，设置其为居中对齐，并置于顶层

3. 单击"插入占位符"

4. 选择"文本"

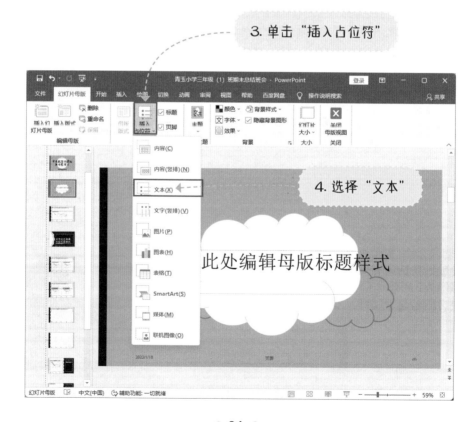

5. 在此处拖曳出一个文本框

6. 将文字样式设置为 28 号、黑色、加粗、居中

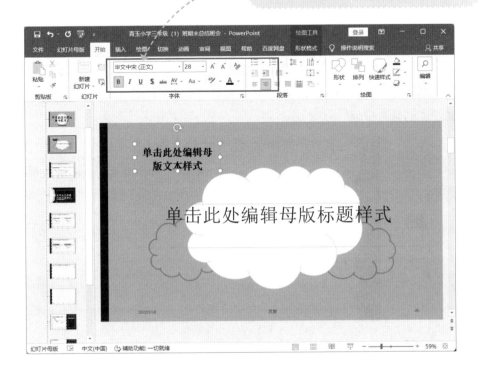

在幻灯片母版中插入学校的标志。

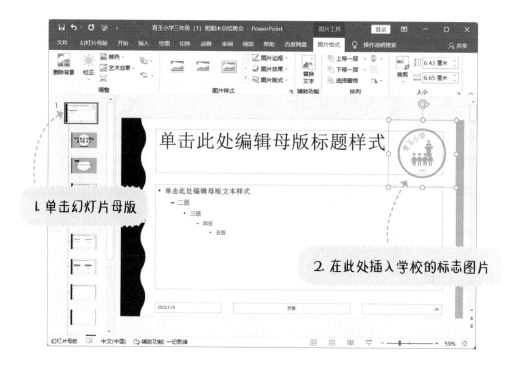

最后，关闭母版视图，幻灯片母版就设计完成了。

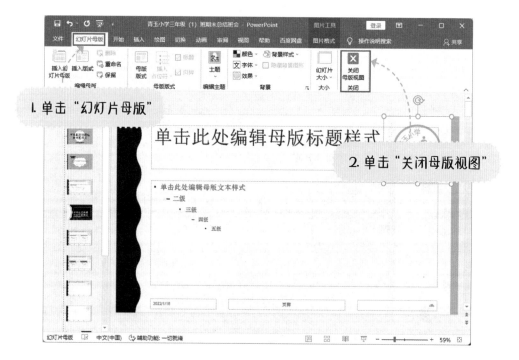

制作标题幻灯片

输入标题及副标题，并添加艺术字效果。

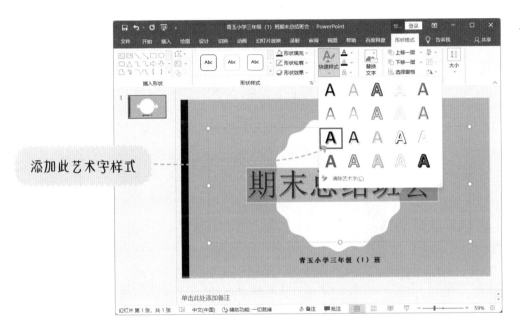

添加此艺术字样式

插入一些图标进行美化。

第5步

制作总结环节幻灯片

新建一个"标题和内容"版式的幻灯片，输入这学期班级获得的荣誉。

插入一些图标，对幻灯片进行美化。

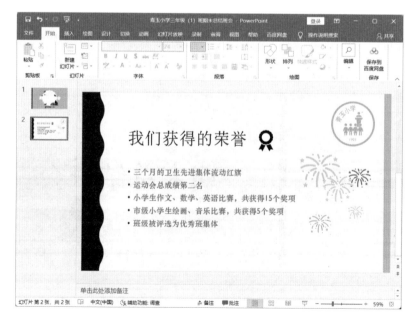

新建一个"标题和内容"版式的幻灯片，展示班级卫生情况。

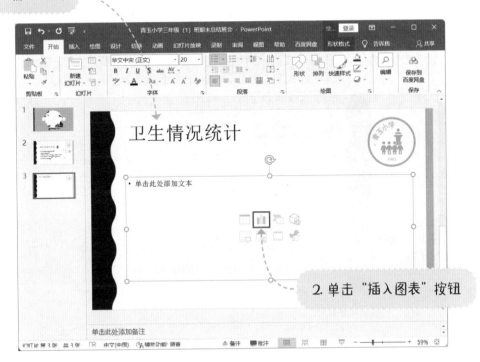

1. 输入标题

2. 单击"插入图表"按钮

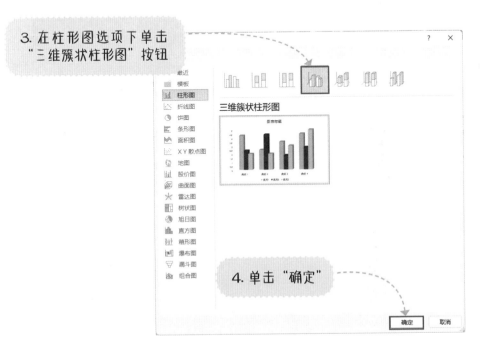

3. 在柱形图选项下单击"三维簇状柱形图"按钮

4. 单击"确定"

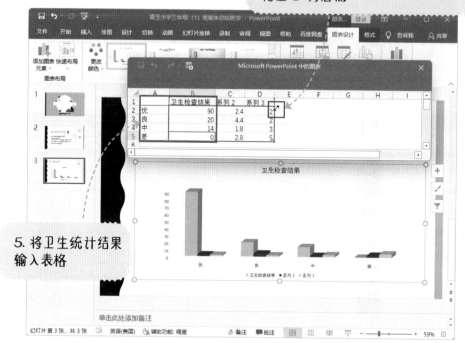

6. 将光标放至此处，按住鼠标左键不放，向左拖动，将蓝色选取范围拖至 B 列右侧

5. 将卫生统计结果输入表格

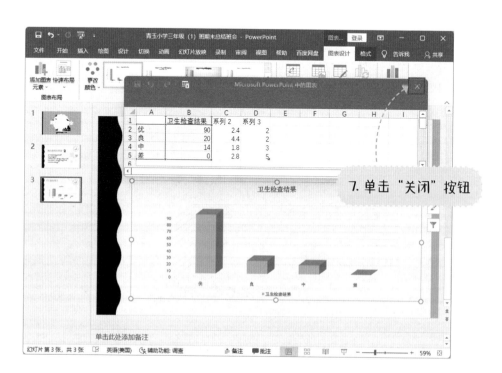

7. 单击"关闭"按钮

8. 单击柱状图标题，进行修改

11. 勾选"主要纵坐标轴"选项

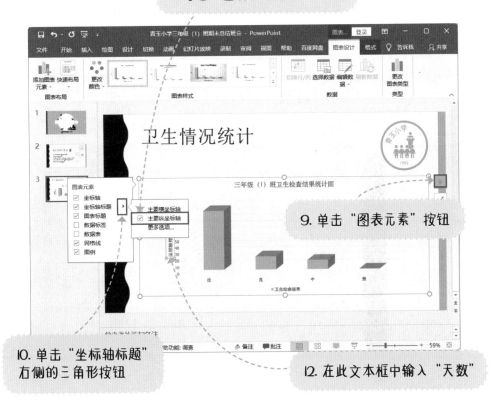

9. 单击"图表元素"按钮

10. 单击"坐标轴标题"右侧的三角形按钮

12. 在此文本框中输入"天数"

放大图表，好在展示时让全班同学都能看清楚。

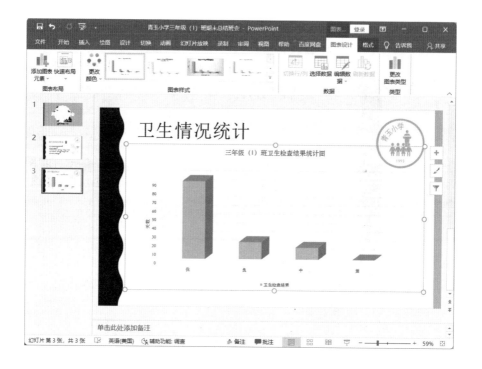

新建一个"标题和内容"版式的幻灯片，展示班级期末考试情况。

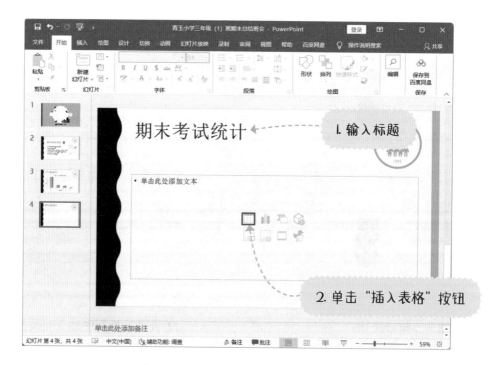

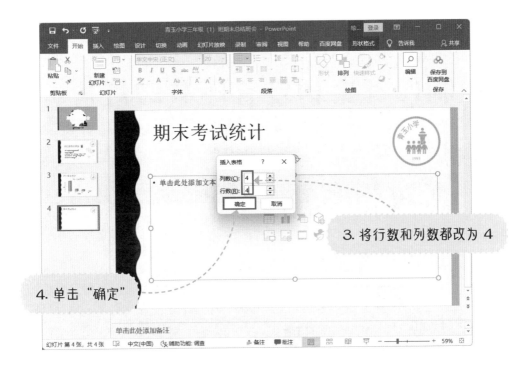

3. 将行数和列数都改为 4

4. 单击 "确定"

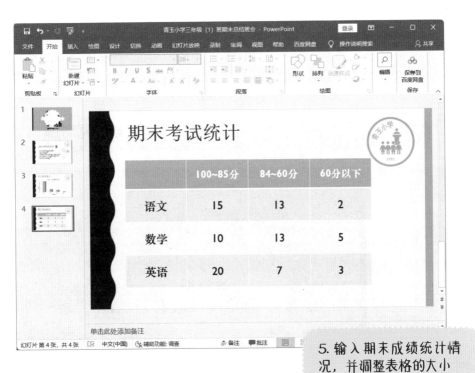

5. 输入期末成绩统计情况，并调整表格的大小

制作讨论和发言环节幻灯片

新建一个我们自己设计版式的幻灯片，并输入内容。

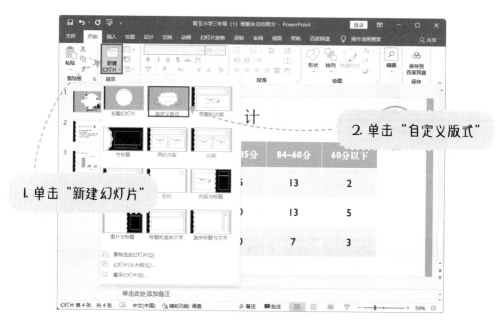

1. 单击"新建幻灯片"

2. 单击"自定义版式"

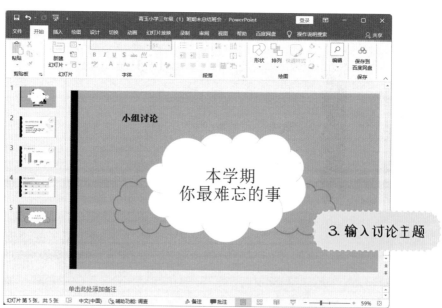

小组讨论

本学期
你最难忘的事

3. 输入讨论主题

4. 按同样的方法制作多个讨论和发言幻灯片

玥玥知道做什么事能够保护环境吗?

我知道! 不乱扔垃圾, 扔垃圾时要分类。

玥玥真棒! 小朋友, 你还知道什么方法能保护环境吗?

制作假期注意事项环节幻灯片

新建一个"标题和内容"版式的幻灯片，输入假期注意事项，并进行美化。

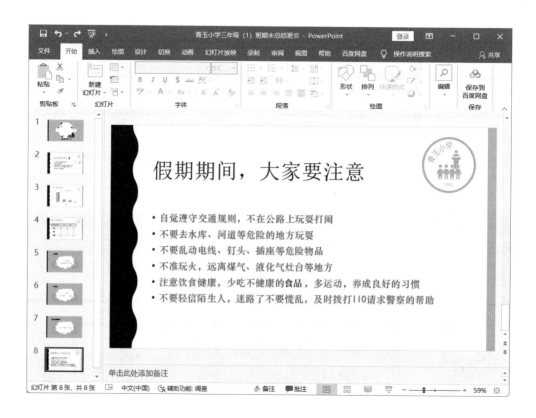

制作结束幻灯片

新建一个"标题幻灯片"版式的幻灯片，输入对假期的美好祝愿以表示结束，并添加图形进行美化。

添加编号和页脚

最后，给幻灯片加上编号和页脚。

 小咪老师，为什么要加上编号和页脚呢？

编号和页脚可以让大家在幻灯片放映时知道放映到哪里了，活动的主题是什么，在比较正式的活动中通常都会给幻灯片加上编号和页脚。

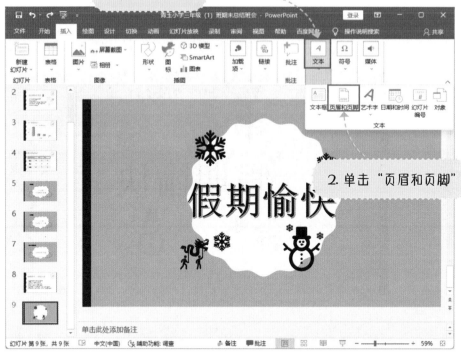

1. 单击"文本"

2. 单击"页眉和页脚"

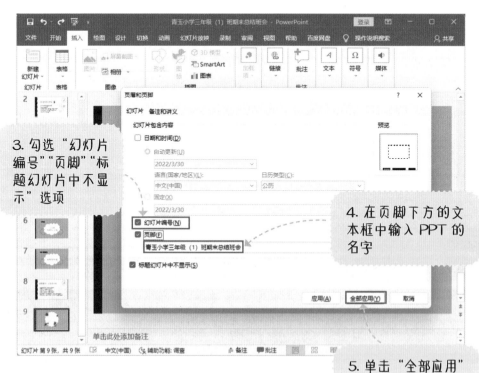

3. 勾选"幻灯片编号""页脚""标题幻灯片中不显示"选项

4. 在页脚下方的文本框中输入 PPT 的名字

5. 单击"全部应用"

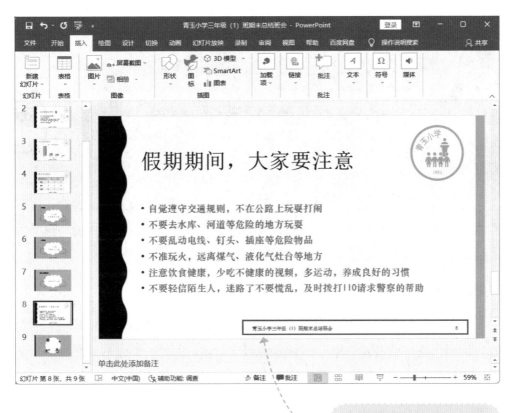

在每页幻灯片的底部就能看到编号和页脚了

至此，期末总结班会的 PPT 就制作完成了。

知识拓展

小咪老师，这次任务我们用到的功能还有别的用法吗？

当然有啦，我们可以整理一个知识拓展笔记。

幻灯片母版

在一些比较正式的活动中，主办方往往要求在 PPT 中放入活动标志、固定标语等元素，以显示此 PPT 属于此次活动，幻灯片母版就可以一次性将这些元素应用到所有幻灯片，页脚也有同样的效果。

表格和图表

PPT 中经常需要展示一些数据，为了更生动、形象、直观地展示这些数据，就会用到表格和图表。表格和图表的作用非常多，例如，通过表格看班级期末考试哪个分段的人比较多，再比较一下自己的成绩，就能看出自己哪方面比较优秀，哪方面比较薄弱。

相较于表格，图表更加生动形象，除了柱状图，还有折线图、饼状图、树状图以及雷达图等。

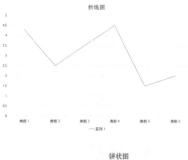

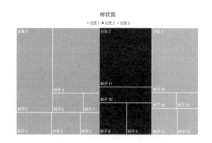

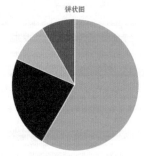

玥玥，你学会怎么做期末总结班会的PPT了吗？

学会啦，谢谢小咪老师！

其实总结活动的PPT都可以这么做，作为练习，组织一次家庭总结活动，和爸爸妈妈一起制作一个PPT来配合这次活动吧。

好的，小咪老师！

家庭总结活动一共包括3个部分：所有家庭成员在过去一年中取得的成果、提出家庭存在的问题，大家一起发言讨论如何解决；最后每个人讲述自己的明年计划。

成果评判

PPT中包含了3个环节的内容——需要加油啦

PPT中设计了新的版式——还不错

PPT中使用了表格或图表——就差一点点

作为主讲人，使用PPT完成这次活动——非常棒

展示科学观察结果

小咪老师，我的科学观察作业完成啦！

玥玥真棒！玥玥观察的是什么呀？

我观察的是小鸡的成长过程。老师让我们开学后展示自己的观察结果，小咪老师知道怎么做吗？

当然知道啦！我来教你！

展示科学观察结果
- 做好准备
- 新建PPT并挑选主题
- 制作标题幻灯片
- 制作目录幻灯片
- 制作展示小鸡成长过程的幻灯片
- 制作总结小鸡整个成长过程的幻灯片
- 制作感谢幻灯片

做好准备

首先，准备好科学观察的素材。

玥玥记录了小鸡成长的整个过程，包括 4 个阶段：小鸡出生、小鸡破壳、小鸡成长以及小鸡成年，每个阶段她都记录了一些观察到的现象。而且，玥玥还针对小鸡成长的每个阶段拍了很多照片。如果像上面这样将图片和文字分开展示，效果可能并不好，所以就要使用 PPT 将文字和图片搭配起来。

在 PPT 中，每页最好不要展示过多照片，所以在制作前，需要根据文字描述对照片进行挑选。照片的挑选原则是：和文字描述对应，且一起展示的照片的主要颜色、风格是相似的。

例如，如果挑选右侧几张照片作为介绍小鸡出生的配图就不太合适。

因为玥玥的观察记录写的是："小鸡出生的时候是一颗蛋"，那么就不应该挑选已经破壳的小鸡照片作为介绍小鸡出生的配图。同时，这几张照片有的看着比较暗，有的看着比较亮，颜色差别也非常大，整体就显得比较杂乱。所以，可以像右侧这样挑选小鸡出生的配图。

挑选好照片以后，按小鸡成长过程的阶段，将文字和图片组合起来，放入 PPT 中就可以了。

新建 PPT 并挑选主题

新建一个 PPT 文件，并命名为"小鸡的成长过程－三年级（2）班－玥玥"，并选择主题字体。

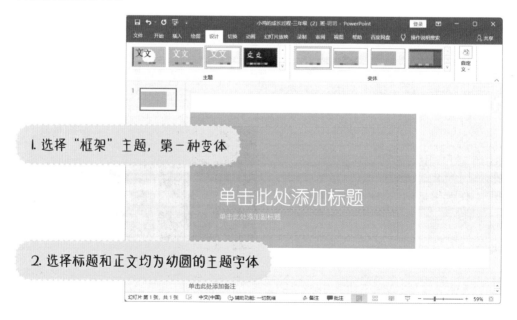

制作标题幻灯片

输入标题及副标题，并插入图标进行美化。

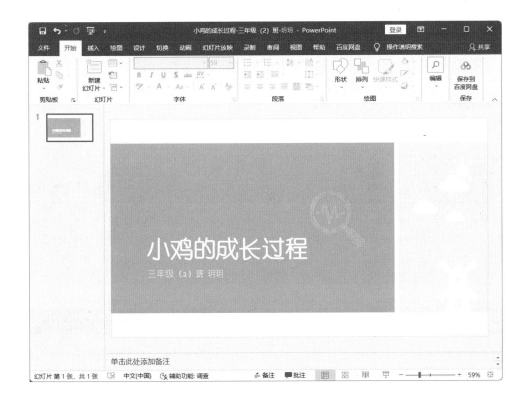

制作目录幻灯片

新建一个"竖排标题与文本"版式的幻灯片，输入标题及目录。

1. 输入"目录"，并将其设置为 96 号、加粗、文字阴影、居中对齐的字体样式

2. 输入小节标题，并将其设置为 36 号、加粗的字体样式

调整文字位置，并插入鸡的 3D 模型进行装饰。

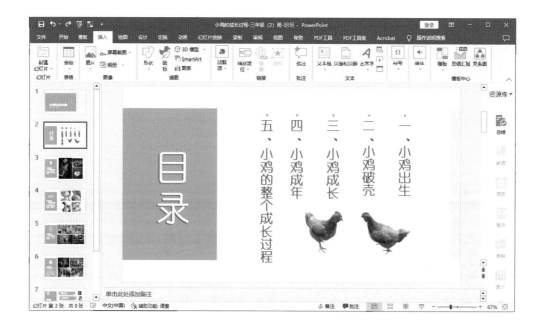

制作展示小鸡成长过程的幻灯片

新建一个"图片与标题"版式的幻灯片，放入小鸡出生环节的观察结果和照片。

1. 输入"小鸡出生"作为标题，并添加文字阴影效果

3. 插入图标进行装饰

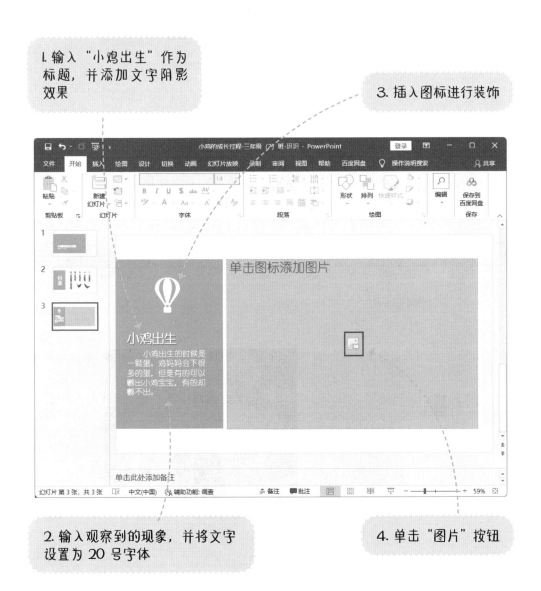

2. 输入观察到的现象，并将文字设置为 20 号字体

4. 单击"图片"按钮

5. 插入所有挑选出的
小鸡出生的配图

可以看到，此时 3 张照片依次排列，相互之间的关系并不明显，亲密性比较差，所以需要按以下方式重新排列图片。

这样，3 张照片展示的都是小鸡出生的环节，这一关系就非常明显了。

新建一个"图片与标题"版式的幻灯片，放入小鸡破壳环节的观察结果和照片。

可以看到，此时 4 张照片看上去杂乱无章，没有对齐，所以需要按以下方式重新排列照片。

这样，页面看上去就非常整洁了。

新建一个"图片与标题"版式的幻灯片，放入小鸡成长环节的观察结果和照片。

可以看到，此时幻灯片中只有一张照片，比较单调，所以需要增加一些照片。

这样，幻灯片就非常丰富了，画面感更强。

新建一个"图片与标题"版式的幻灯片，放入小鸡成年环节的观察结果和照片。

可以看到，此时页面中只有母鸡的照片，无法体现公鸡与母鸡之间的不同，对比较差，所以需要换一些照片。

这样，公鸡和母鸡的对比就非常强烈地体现出来了。

玥玥在观察小鸡成长的过程中对哪个部分印象最深刻?

小鸡破壳的时候，真的好神奇。

生命的诞生充满了奇迹，我们要关爱动物。小朋友，你知道我们应如何关爱动物吗?

第6步

制作总结小鸡整个成长过程的幻灯片

新建一个"仅标题"版式的幻灯片，并输入标题。

1. 输入标题，并将其设置为 36 号、加粗、文字阴影的字体样式

2. 插入一些图标进行美化

插入 SmartArt 图形，总结小鸡的整个成长过程。

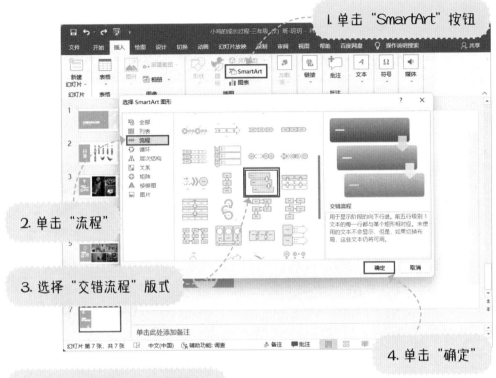

1. 单击 "SmartArt" 按钮

2. 单击 "流程"

3. 选择 "交错流程" 版式

4. 单击 "确定"

5. 单击 "添加形状"，增加一行

6. 调整 SmartArt 图形的大小

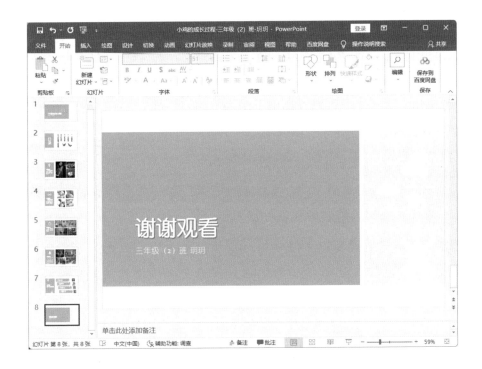

制作感谢幻灯片

新建"标题幻灯片"版式的幻灯片，输入文字，并插入图标进行美化。

至此，展示小鸡成长过程的 PPT 就制作完成了。

小咪老师，我可以加一些动画吗？

当然可以啦，配上合适的动画会让展示效果更好。

知识拓展

小咪老师，这次任务我们用到的功能还有别的用法吗？

当然有啦，我们可以整理一个知识拓展笔记。

设计的 4 个基本原则

相同的内容，有的人制作的 PPT 就非常好看，而有的人就做不出来，其原因在于在 PPT 的制作过程中是否遵循了设计的 4 个基本原则——亲密、对齐、重复和对比。这 4 个原则不仅适用于图片的排列，对于文字排列、图片和文字的混合排列都适用。

具体来讲设计的 4 大基本原则具体解释如下。

● 亲密: 指相关内容位置接近，人们看到这些内容时会觉得它们是一个整体，而不是彼此不相关的元素。

● 对齐: 任何元素在页面中都不是随意放置的，它们之间会有一条看不见的线将其连在一起。这条"线"的逻辑应符合读者的认知特性，也能引导视觉流向，让读者更流畅地接受信息。

● 重复: 设计的样式在整个作品中需要重复使用，可以是某个文字样式、空间关系、颜色也可以是设计要素等，这样的设计方式也叫一致性设计。相同的元素在界面上不断重复使用，可以辅助读者识别元素之间的关联性。

● 对比: 不同的元素需要通过对比达到吸引读者的效果。如果两项不完全相同，那就应当使之不同。对比可以吸引眼球、使层级清晰、引导读者等，具体制作时可以通过字体大小、粗细等来凸显不同。

SmartArt

SmartArt 图形是一种用于展示信息和观点的非常便利的视觉表示形式，它有很多类型，包括列表型、流程型、循环型、层次结构型、关系型等，每个类型又有很多具体的样式。SmartArt 图形主要用于展示不同事物之间的关系，所以使用的文字不能太多，需要提炼和总结。

 玥玥，你学会怎么用PPT展示科学观察结果了吗？

学会啦，谢谢小咪老师！

 除了观察小动物，和爸爸妈妈一起观察一些植物的成长过程，并制作PPT给爸爸妈妈展示吧！

好的，小咪老师！

你知道植物的生长有哪几个阶段吗？请你观察并记录一种植物的成长过程，将结果用 PPT 展示出来。

成果评判

PPT 中有完整的植物成长过程——需要加油啦

PPT 中的图片和文字相互对应——还不错

PPT 的图片和文字排版符合设计的 4 个基础原则——就差一点点

PPT 中使用了 SmartArt 对植物的生长过程进行总结——非常棒

图书在版编目（CIP）数据

儿童Office+Photoshop第一课. PowerPoint篇 / 王晓芬, 李矛, 高博编著 ; 草涂社绘. —— 北京 : 电子工业出版社, 2023.6

ISBN 978-7-121-45540-7

Ⅰ.①儿… Ⅱ.①王… ②李… ③高… ④草… Ⅲ.①办公自动化 - 应用软件 - 儿童读物②图形软件 - 儿童读物 Ⅳ.①TP317.1-49②TP391.412-49

中国国家版本馆CIP数据核字（2023）第078805号

责任编辑：邢泽霖

印　　刷：中国电影出版社印刷厂

装　　订：中国电影出版社印刷厂

出版发行：电子工业出版社

　　　　　北京市海淀区万寿路173信箱　邮编：100036

开　　本：889×1194　1/16　印张：32.5　字数：526千字

版　　次：2023年6月第1版

印　　次：2023年6月第1次印刷

定　　价：198.00元（全4册）

凡所购买电子工业出版社图书有缺损问题，请向购买书店调换。若书店售缺，请与本社发行部联系，联系及邮购电话：（010）88254888，88258888。

质量投诉请发邮件至zlts@phei.com.cn，盗版侵权举报请发邮件至dbqq@phei.com.cn。

本书咨询联系方式：（010）88254161转1860，jimeng@phei.com.cn。